Erneuerbare Energien

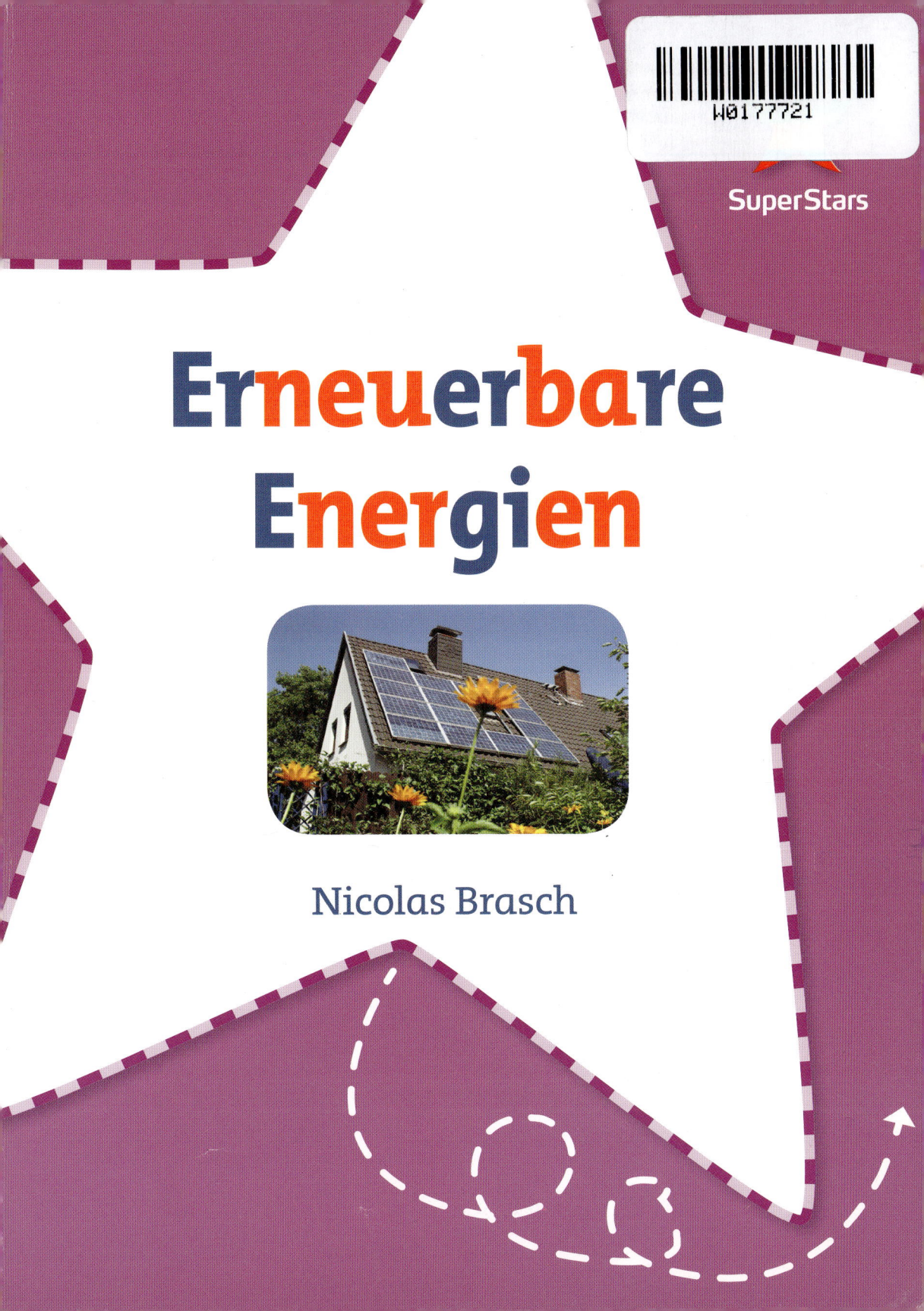

Nicolas Brasch

Inhalt

Die Bedeutung der **fett** gedruckten Begriffe findest du auf Seite 31.

Die Vergangenheit

Die Zukunft

Stelle dir vor, wir befinden uns im Jahr 2099. Es gibt keine Autos mehr auf den Straßen. Wenn es Nacht wird, zünden die Menschen Kerzen an. Sie kochen an einfachen Herdstellen – wenn sie das Glück hatten, Feuerholz zu finden. Es ist keine Energie mehr da für Fabriken. Und auch das Internet gibt es nicht mehr.

Einige Wissenschaftler glauben, dass die Zukunft so aussehen kann, wenn wir keine neuen Energiequellen erschließen. Werfen wir einen Blick auf erneuerbare Energien, mit denen wir vielleicht verhindern können, dass wir leben wie vor tausend Jahren.

Was ist Energie?

Energie brauchen wir, damit Dinge funktionieren. Ohne sie können Menschen nicht arbeiten, nicht spielen und nicht lernen. Energie ist notwendig, damit Maschinen arbeiten, Flugzeuge fliegen und Lampen brennen. Für jede Art von Bewegung brauchen wir Energie.

Energie gibt es in vielen verschiedenen Formen: Wir können sie aus Wärme gewinnen und aus Licht. Es gibt mechanische und elektrische Energie, chemische Energie und Nuklearenergie. Menschen gewinnen Energie aus Essen, Wasser und der Sonne. Essen und Wasser sind eine Form von chemischer Energie – die Sonne schenkt uns Energie in Form von Wärme und Licht.

Dass sich Menschen bewegen können, verdanken sie der Energie.

Energiequellen befinden sich unter der Erde und . . .

Potenzielle und kinetische Energie

Es gibt zwei Grundformen der Energie: gespeicherte Energie und Bewegungsenergie. Gespeicherte Energie nennt man auch potenzielle Energie. Wenn du etwas isst oder trinkst, speichert dein Körper Energie, bis du sie brauchst. Sobald du dich bewegst, erzeugst du Bewegungsenergie (= kinetische Energie).

. . . auch am Himmel gibt es Energiequellen.

Nicht erneuerbare Energien

Wenn Energie aus Stoffen gewonnen wird, die auf der Erde nur begrenzt vorkommen, nennt man sie „nicht erneuerbare Energie". Wenn wir diese Stoffe wie bisher als Energiequelle nutzen, werden sie eines Tages für immer verschwunden sein.

Fossile Brennstoffe

Fossile Brennstoffe bestehen aus den Überresten von Pflanzen und Tieren, die vor Millionen von Jahren auf der Erde gelebt haben. Sie sind tief im Boden begraben. Durch den hohen Druck der Erde über ihnen wurden sie in fossile Brennstoffe umgewandelt, wie zum Beispiel Erdöl, Erdgas und Kohle. Wenn wir sie verbrennen, wird die Energie frei, die sie enthalten.

Menschen bauen Kohle ab, um sie als Energiequelle zu nutzen.

Blick auf die „Drei-Meilen-Insel" — so heißt ein Atomkraftwerk in den USA.

Nuklearenergie

Eine andere Quelle für nicht erneuerbare Energie ist die Nuklearenergie. Sie wird zum größten Teil aus einem Metall gewonnen, das Uran heißt. Damit Nuklearenergie entstehen kann, müssen die **Atome** im Uran gespalten werden. Dabei wird sehr viel Energie frei. Diesen Vorgang nennt man Kernspaltung.

Kernfusion

Nuklearenergie kann auch entstehen, wenn Atomkerne miteinander verschmelzen, wodurch sie zu schweren Atomen werden. Das nennt man Kernfusion. Dabei werden große Mengen von Energie frei. Auch die Sonne produziert auf diese Weise Energie. Menschen können bis jetzt diese Form von Energieerzeugung nicht völlig kontrollieren und deshalb nicht in großen Mengen nutzen.

Erneuerbare Energien

Wenn Energie aus einer nicht versiegenden Quelle stammt, nennt man sie „erneuerbare Energie". Diese kann immer wieder und in kürzester Zeit neu produziert werden.

Weil fossile Brennstoffe nur begrenzt vorhanden sind, müssen wir mehr erneuerbare Energien nutzen. Ein Beispiel: Wenn Erdöl in der gleichen Menge wie heute weiter abgebaut würde, gäbe es in 40 Jahren kein Öl mehr. Erdgas wird Ende dieses Jahrhunderts verschwunden sein. Und obwohl es genug Kohle für einige hundert Jahre gibt, wird eines Tages nichts mehr davon übrig sein.

Sonnenkollektoren schöpfen Energie aus der Sonne und wandeln sie in Strom um.

Wind-**Turbinen** wandeln Wind in Strom um.

Was erneuerbare Energie kostet

Das größte Problem bei der Nutzung von erneuerbaren Energien sind die hohen Kosten. Noch ist nicht erneuerbare Energie billiger. Aber je mehr erneuerbare Energie genutzt wird, desto billiger wird sie in der Zukunft werden.

Erneuerbare Energien und die Umwelt

Erneuerbare Energien sind weniger umweltschädlich.
Das ist ein weiterer Grund, sie noch mehr zu nutzen. Energie
aus nicht erneuerbaren Quellen produziert schädliche Gase,
die eine der Hauptgründe für den Klimawandel sind.

Einige nicht erneuerbare Energiequellen produzieren schädliche Gase.

Was bedeutet Klimawandel?

Unter Klimawandel versteht man die Veränderung des
Weltklimas, wie zum Beispiel das Ansteigen der
Temperaturen. Manche Veränderungen haben natürliche
Ursachen, manche sind von Menschen verursacht, wie z.B.
das Verbrennen von fossilen Brennstoffen.

Sonnen-
strahlen
bringen
Wärme und
Licht zur Erde.

Ein Teil der
Erdwärme
entweicht durch
die Atmosphäre
zurück ins All.

Treibhausgase halten
den Rest fest und
erwärmen die Erde.

Die Wärme der Sonne kann nicht
mehr so gut entweichen – die
Temperaturen steigen.

Treibhausgase

Treibhausgase sind die umweltschädlichen Gas-**Emissionen**,
die beim Verbrennen fossiler Brennstoffe entstehen. Sie halten
die Sonnenwärme in der Erdatmosphäre fest, genau wie in
einem Treibhaus. Für das Leben auf der Erde ist Wärme zwar
nötig, wird es aber viel zu warm, werden Pflanzen- und
Tierarten für immer verschwinden.

Kohlendioxid

Das am häufigsten vorkommende Treibhausgas ist
Kohlendioxid (CO_2). Kohlendioxid macht mehr als 99 % der
Treibhausgase in der Erdatmosphäre aus.

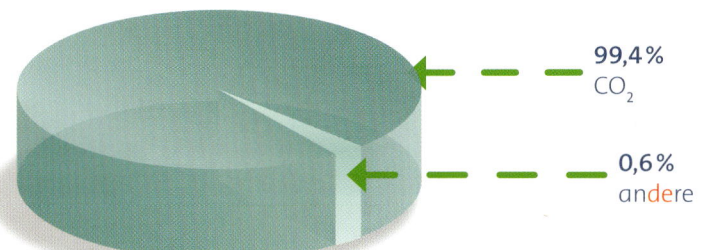

99,4 %
CO_2

0,6 %
andere

Windkraft

Windkraft ist Energie, die vom Wind erzeugt wird. Windenergie wird schon seit Tausenden von Jahren genutzt – früher beim Überqueren der Ozeane mit Segelschiffen, heute immer mehr zur **Produktion** von Strom.

Elektrizität wird mithilfe von Wind-Turbinen erzeugt. Wind-Turbinen sehen aus wie schlanke Türme mit großen Rotorblättern. Diese sind mit einem **Generator** im Inneren der Turbine verbunden. Wenn der Wind bläst, bewegt er die Rotorblätter. Diese Bewegung treibt den Generator an, der nun Strom erzeugt. Der Strom fließt mithilfe von Stromleitungen direkt zu den Häusern oder in ein großes **Stromnetz**.

Windfarmen haben mehr als eine Turbine und erzeugen genug Strom, um viele Häuser und Firmen mit Energie zu versorgen. Manche Windfarmen haben sogar einige Hundert Turbinen und können mehrere Städte mit Strom versorgen.

Weltweit führend

In Europa gibt es mit Abstand die meisten Wind-Turbinen. Mit ihnen wird genug Strom produziert, um mehr als 25 Millionen Haushalte zu versorgen.

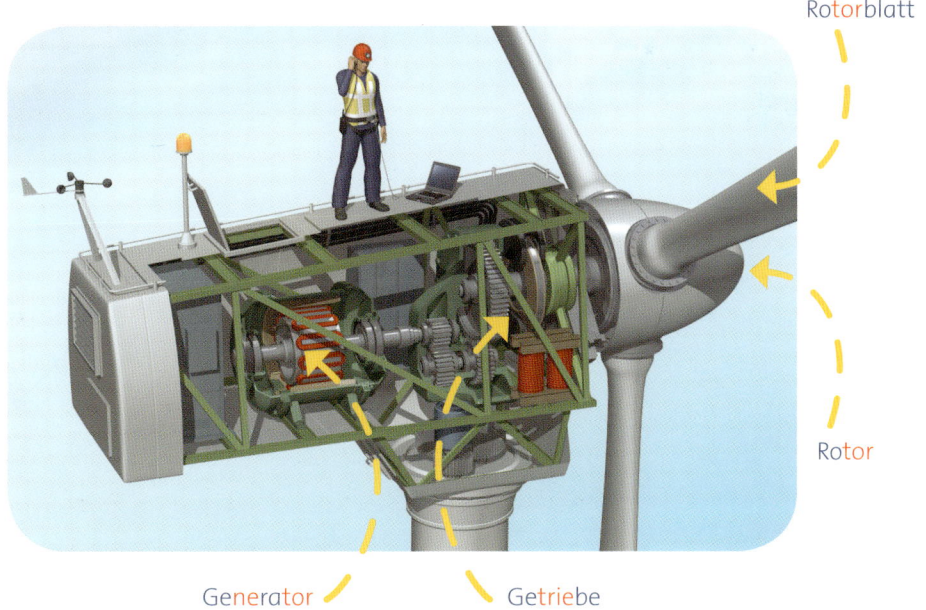

Windfarmen können aus wenigen Wind-Turbinen bestehen oder aus Hunderten.

Rotorblatt

Rotor

Generator

Getriebe

Die Bestandteile einer Wind-Turbine

Solarenergie

Solarenergie ist die Energie, die von der Sonne produziert wird. Die meiste Energie auf der Erde stammt von der Sonne. Die moderne Solartechnologie hat das Ziel, Sonnenenergie überall und in jeder Form nutzbar zu machen.

Wärme umwandeln

Sonnenenergie gibt es in Form von Wärme und Licht. Wärmeenergie nennt man thermische Energie. Um thermische Energie in Strom umzuwandeln, wird die Sonnenenergie mithilfe von Solarkollektoren eingefangen. Solarkollektoren nutzen die Hitze der Sonnenstrahlung, um Wasser in Dampf zu verwandeln. Dieser Dampf treibt einen Generator an, der Strom erzeugt.

Solarkollektoren werden leicht geneigt aufgestellt, damit sie möglichst viel Sonne einfangen können.

Licht umwandeln

Um Licht in Strom zu verwandeln, benötigt man eine Photovoltaik-Zelle – ein Bauelement, das Elektronen enthält. Wenn Sonnenlicht auf die Zelle trifft, bewegen sich die **Elektronen** sehr schnell. Dabei wird Strom produziert. Viele Taschenrechner funktionieren so.

Ein solarbetriebener Taschenrechner

Wasserkraft

Strom aus Wasserkraft lässt sich mithilfe eines Staudammes produzieren. Das Wasser wird dazu genutzt, Strom-Generatoren anzutreiben.

Strom aus Wasser

Staudämme sind große Mauern, mit denen Wasser gespeichert wird. Durch steil nach unten führende Rohre wird das schnell strömende Wasser zu Turbinen geleitet und bewegt so die Rotorblätter der Turbinen. Diese treiben Generatoren an, die nun Strom erzeugen.

Staudämme werden gebaut, um die Kraft des Wassers zu nutzen.

Die Kraft des Wassers treibt Turbinen an, die Strom erzeugen.

Menschen in Madhya Pradesh in Indien protestieren, nachdem ihr Dorf wegen eines Staudammes überschwemmt wurde.

Ökologische Kosten

Strom aus Wasserkraft lässt sich leicht und billig erzeugen, sobald der Staudamm erst einmal fertig gebaut ist. Ein weiterer Vorteil ist, dass dabei kaum Treibhausgase entstehen. Es gibt aber auch einen Nachteil: Durch den veränderten Lauf des Wassers kann der **Lebensraum** vieler Tiere und Pflanzen zerstört werden.

Wasserräder

Schon die alten Griechen und Römer bauten große Wasserräder, die durch Wasserkraft angetrieben wurden.

Die Kraft der Gezeiten

Die Kraft der **Gezeiten** beruht auf dem natürlichen Wechsel von Ebbe und Flut. Weltweit gibt es bisher nur zwei wichtige Gezeitenkraftwerke: in Frankreich und Kanada. Ebbe und Flut entstehen aufgrund der Schwerkraft. Der Mond und die Sonne wirken mit ihrer jeweiligen **Schwerkraft** auf die Ozeane ein und bewirken so Ebbe und Flut.

Blick von oben auf ein Gezeitenkraftwerk

Eine lange Geschichte

Unter anderem in England nutzte man die Kraft der Gezeiten schon vor mehr als 800 Jahren, um Wassermühlen anzutreiben.

Wasser-Turbinen arbeiten wie Wind-Turbinen — nur unter Wasser. Hier bewegen die wechselnden Druck- und Sogkräfte der Gezeitenströmung die Rotorblätter.

Um Strom aus der Kraft der Gezeiten zu gewinnen, muss eine Art riesiger Unterwasserstaudamm nahe der Küste gebaut werden. Wenn die Flut kommt, bewegt die Kraft des Wassers die Rotorblätter der Wasser-Turbinen. Diese Bewegung treibt einen Generator an, der nun Strom erzeugt. Derselbe Vorgang wiederholt sich, wenn das Wasser bei Ebbe von der Küste weg aufs Meer hinausgezogen wird.

Erdwärme

Erdwärme (= Geothermik) nennt man die Energie, die von der großen Hitze im Erdinneren erzeugt wird. Diese Hitze dringt in Form von Dampf oder heißem Wasser an die Erdoberfläche. Beides kann genutzt werden, um Gebäude zu beheizen oder Strom zu erzeugen.

Erdwärme entsteht, wenn **Magma** bis nahe an die Erdoberfläche fließt und unterirdische Wasservorräte aufheizt. Durch Risse und Spalten in der Erdkruste wird diese Form von Energie auf natürliche Weise frei. Vulkane und heiße Quellen sind dafür Beispiele.

Heiße Quellen sind natürliche Formen von Erdwärme.

Ein Erdwärmekraftwerk

Geothermische Energie wird gewonnen, indem tiefe Löcher gebohrt werden, um unterirdische Dampfvorkommen zu nutzen. Mithilfe von Rohren wird der Dampf an die Oberfläche geleitet. Dort bewegt er die Rotorblätter von Turbinen. Diese Bewegung treibt einen Generator an, der Strom erzeugt. Wenn der Dampf abkühlt, verwandelt er sich in Wasser und kann zum Wiederaufheizen zurück unter die Erde geleitet werden – so wird nichts verschwendet.

Was steckt in dem Wort?

Das Fremdwort für Erdwärme ist „Geothermik". Das ist griechisch und setzt sich zusammen aus *Geo* = „Erde" und *Thermik* = „Hitze".

Biomasse

Unter Biomasse versteht man alle **organischen** Stoffe, die von Pflanzen und Tieren erzeugt werden. In der Biomasse steckt die gespeicherte chemische Energie der Sonne. Bäume sind dafür ein Beispiel. Ein Teil der Bäume wird nur gepflanzt, um als Biomasse genutzt zu werden. Wenn wir Holz verbrennen, wird die darin gespeicherte Energie frei.

Holz

Ein Holzfeuer ist eine der ältesten Formen, Energie zu gewinnen.

Seit der Entdeckung des Feuers haben Menschen Holz als Energiequelle genutzt. In vielen Entwicklungsländern ist Holz auch heute noch die einzige Energiequelle für die Menschen. Holz ist eine billige und leicht zu nutzende Energiequelle, die bei übermäßiger Nutzung versiegt. Zusätzlich entstehen bei der Verbrennung von Holz schädliche Treibhausgase.

Faulgase nutzen

Manche Abfallstoffe produzieren Gas, wenn sie über einen langen Zeitraum liegen bleiben. **Mülldeponien** sind voll davon. Dieses Faulgas kann genutzt werden, um mithilfe von Turbinen Generatoren zu betreiben.

Eine Mülldeponie ist nicht nur ein übelriechender Haufen Abfall. Sie kann als Energiequelle dienen.

Tote Biomasse

Tote Biomasse besteht aus abgestorbenen Pflanzen und Ausscheidungen von Tieren. Auch sie beinhaltet gespeicherte Energie. Tote Biomasse dient zum Beispiel als **Dünger** und versorgt so Pflanzen mit Energie.

Schweinekot kann als Energiequelle dienen.

Biotreibstoff

Einige Bestandteile der Biomasse können in biologischen Treibstoff verwandelt werden. Man nennt es kurz Biotreibstoffe. Der bekannteste Biotreibstoff ist Ethanol.

In Getreide steckt Zucker. Dieser Zucker wird für die Erzeugung von Ethanol verwendet – meistens aus Mais, Zuckerrohr oder Weizen. Ethanol entsteht, wenn man Wasser und **Hefe** zu den abgeernteten Pflanzenresten gibt. Diese Mischung beginnt dann zu **gären**. Dabei wird Zucker in Ethanol verwandelt.

Ethanol kann wie Benzin genutzt werden. In manchen Ländern, wie zum Beispiel Brasilien, wird genauso viel Ethanol verwendet wie Benzin. Ethanol wird entweder mit Benzin gemischt oder pur genutzt.

Aber auch Ethanol hat Nachteile: Erstens ist die Produktion von Ethanol teurer als die von Benzin. Zweitens verbraucht der Anbau von Getreide viel Energie und verursacht schädliche Treibhausgase.

Biodiesel

Ein weiterer Biotreibstoff ist Biodiesel. Das ist ein Kraftstoff, der aus pflanzlichen Ölen oder Fetten gewonnen wird.

Weizen ist eine Getreidesorte, aus der Biotreibstoff hergestellt werden kann.

Bei der Herstellung von Biotreibstoff wird Wasser in einem Gärbottich mit den Pflanzenresten von Getreide gemischt.

Erneuerbare Energien zu Hause

Viele Menschen machen sich Sorgen um ihre Umwelt und die steigenden Energiekosten. Deshalb gestalten sie ihre Häuser **effizienter**, indem sie erneuerbare Energien nutzen.

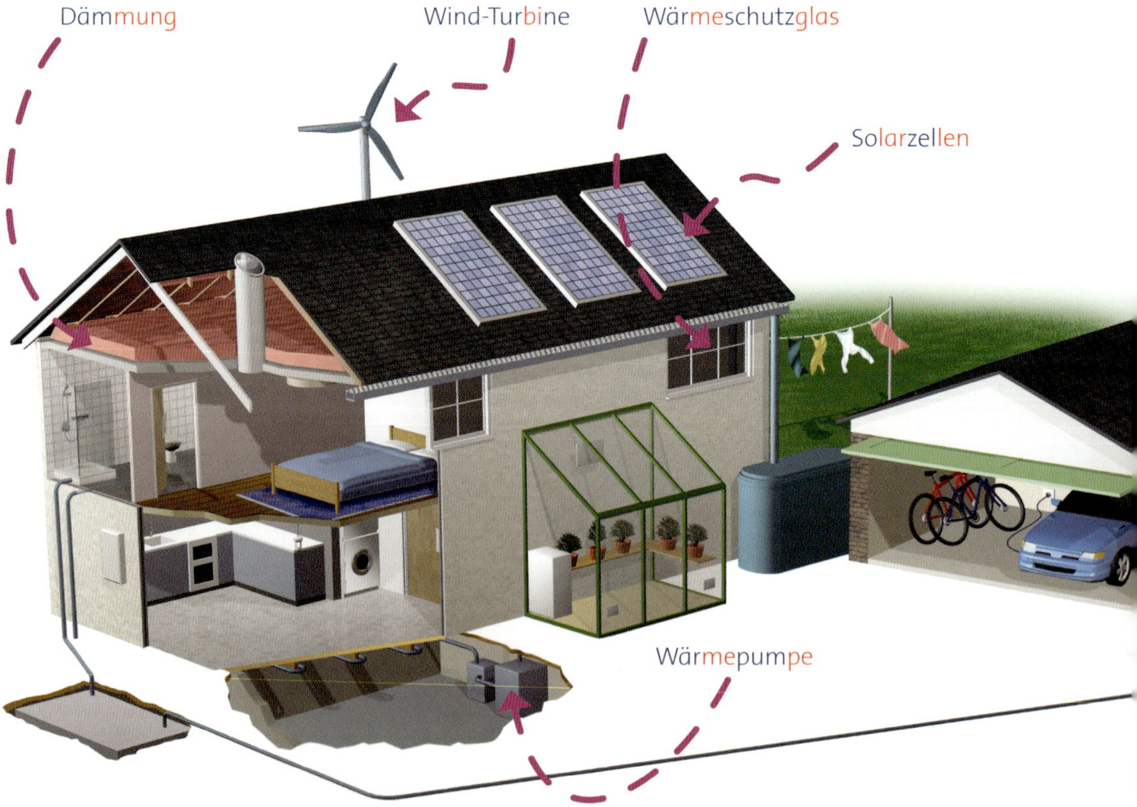

Dämmung

Wind-Turbine

Wärmeschutzglas

Solarzellen

Wärmepumpe

Solarenergie

Photovoltaik-Zellen wandeln Sonnenenergie direkt in Strom um. Dieser Strom kann für die Beleuchtung oder die Haushaltsgeräte verwendet werden. Sonnenkollektoren dagegen können nur genutzt werden, um Wasser zu erwärmen, zum Beispiel fürs Badezimmer oder die Küche.

Windenergie

Auch zu Hause lassen sich kleine Wind-Turbinen einsetzen, um Strom zu produzieren. Dieser Strom kann in Batterien gespeichert werden. Auf diese Weise steht er auch dann zur Verfügung, wenn es windstill ist.

Wärmepumpen

Mithilfe von Wärmepumpen können wir Erdwärme nutzen. Sie kann verwendet werden, um Heizkörper oder die Fußbodenheizung mit Energie zu versorgen.

Energie-Effizienz

Weitere Möglichkeiten, um die Energie-Effizienz zu verbessern, sind die **Dämmung** des Daches, Teppiche auf den Fußböden und Fenster mit **Wärmeschutzglas**.

Erneuerbare Energien und Transportmittel

Wenn der weltweite Vorrat an Öl zur Neige geht, bevor eine alternative Energiequelle entwickelt wurde, können wir keine Autos oder Flugzeuge nutzen. Deshalb sucht die Autoindustrie nach neuen Möglichkeiten. Eine davon ist das Elektroauto.

Die Vorteile von Elektroautos

Wenn beim Autofahren Benzin verbrannt wird, entstehen Treibhausgase. Autos, die mit Strom fahren, sind viel umweltfreundlicher. Außerdem kommen sie mit weniger Bauteilen aus. Deshalb ist es leichter und billiger, sie zu warten.

Elektroautos sind kleiner als die meisten benzinbetriebenen Autos.

Hybridautos

Einige Autohersteller produzieren Hybridautos. Das sind Autos, die mit einer Mischung aus Strom und Benzin fahren können. Von außen sehen sie aus wie Autos, die nur mit Benzin betrieben werden. Hybridautos haben zwei Motoren – einen mit strombetriebenem Antrieb und einen mit benzin-betriebenem Antrieb.

Die Nachteile von Elektroautos

In Benzin steckt viel mehr Energie als in der gleichen Menge Strom. Es gibt benzinbetriebene Autos, die mit einer Tankfüllung 600 km weit fahren können. Elektro-autos schaffen nur 150 km, bevor ihre Batterie wieder aufgeladen werden muss.
Eine Batterie, mit der ein Auto 600 km weit fahren könnte, wäre zu groß und zu schwer, um in ein Auto zu passen.

Staaten im ökologischen Vergleich

Seit 2006 gibt es eine Rangliste, die aussagt, wie **ökologisch** nachhaltig ein Land ist. Es geht dabei um die Nutzung erneuerbarer Energien, aber auch um Punkte wie die verursachte Luftverschmutzung. Anhand der Liste werden jährlich 163 Länder miteinander verglichen. In der Liste von 2010 belegt Island Platz 1, Deutschland Platz 17. Am schlechtesten schneidet ‚Sierra Leone‘ ab.

Top 10

 1 Island

 2 Schweiz

 3 Costa Rica

 4 Schweden

 5 Norwegen

 6 Mauritius

 7 Frankreich

 8 Österreich

 9 Kuba

 10 Kolumbien

Flop 10

 163 ‚Sierra Leone‘

 162 Zentralafrikanische Republik

 161 Mauretanien

 160 Angola

 159 Togo

 158 Niger

 157 Turkmenistan

 156 Mali

 155 Haiti

 154 Benin

 140 ‚Guinea-Bissau‘

Worterklärungen

Atome	winzige Teilchen, die man auch als „Bausteine des Lebens" bezeichnet; alles, was du um dich herum siehst, besteht aus Atomen
Dämmung	Material zum Schutz vor Wärmeverlust
Dünger	Nährstoffe, die Pflanzen beim Wachsen unterstützen
effizient	nicht verschwenderisch, lohnenswert
Elektronen	Teilchen, die um den Kern eines Atoms kreisen
Emission	Abgabe von Stoffen in die Luft
gären	ein Stoff wird in einen anderen umgewandelt
Generator	Apparat, der Energie in elektrischen Strom verwandelt
Gezeiten	das Ansteigen und Fallen des Meeresspiegels
Hefe	bestimmte Pilzarten
Lebensraum	Umgebung, in der Tiere oder Pflanzen leben
Magma	flüssiges Gestein
Mülldeponie	Ort, an dem Abfälle langfristig gelagert werden
ökologisch	Zusammenspiel zwischen Lebewesen und Umwelt
organisch	natürlich; zu einem Lebewesen gehörend
Produktion	Herstellung, Gewinnung
Schwerkraft	Anziehungskraft zwischen zwei Körpern
Stromnetz	Verbindung von vielen elektrischen Stromleitungen
Turbine	Maschine, die zur Stromerzeugung genutzt wird
Wärme-schutzglas	Glas, das die Wärme im Raum hält und die Kälte draußen lässt

Stichwortverzeichnis